MÉMOIRE

SUR LA MANIÈRE
DE GOUVERNER
LES ABEILLES

Dans les nouvelles Ruches de Bois.

Par M. DE MASSAC, de la Société Royale d'Agriculture de la Généralité de Limoges, au Bureau de Brive.

Principio sedes apibus statioque petenda,
Quò neque sit ventis aditus (nam pabula venti
Ferre domum prohibent) neque oves hædique petulci
Floribus insultent, aut errans bucula campo
Decutiat rorem & surgentes atterat herbas.

Virg. Georg. Liv. 1

A PARIS.
Chez GANEAU Libraire, ru
verin, aux Armes de Dc

M. DCC. LX

ger &c Voila fans doute quelques encouragemens, pour l'a-
griculture dont vous reffentirez
infenfiblement les effets : mais
voici les avantages préfens que
vous retirez de nos affociations ;
elles nous donnent le glorieux
privilége d'expofer directement
à notre Augufte Monarque ,
où du moins à fes Miniftres,
les caufes du dépériffement de
notre agriculture, & de propo-
fer des moyens pour y remédier. C'eft ce que nous avons
fait jufqu'à préfent avec quelque fuccès; nous fommes donc
en droit d'en efpérer de bien plus
confidérables dans la fuite. Ne
vous imaginez donc pas que nous
ne nous occupons dans nos affem-

Quoique le miel ne foit pas aufli précieux que la cire, & qu'il ait perdu de fa valeur depuis que le fucre eft connu, il a cependant un mérite très-réel, & il eft toujours d'un bon débit. Je ne m'amuferai point à vous faire connoître toutes fes propriétés; je vous dirai feulement que d'habiles médecins le trouvent très-bon pour lafanté. Il incife, difent-ils, il amollit, il déterge, & conféquemment il eft efficace contre toute forte d'obftructions & d'embarras caufés par la vifcofité ou l'épaiffiffement des humeurs. Il n'y a point de reméde plus infaillible pour faciliter une prompte expectoration. Il opère avec le

perte , & d'éviter les fuites funeftes de la taille , & du renouvellement des anciennes Ruches. Vous trouverez dans la fuite de cet ouvrage , les précautions que vous devez prendre pour rendre cette opération auffi aifée,& auffi avantageufe qu'il eft poffible.

Les Abeilles fe pillent quelquefois elles-mêmes , non par libertinage, mais par néceffité. Les groffes brunes des bois font plus fujettes à caution que toutes les autres efpèces que je vous ferai connoître. N'en fouffrez donc jamais dans votre Rucher. C'eft par leurs inclinations perverfes que celles-ci forment des bandes de voleurs & de brigands , au lieu que les autres, naturellement pacifiques & laborieufes, ne font le métier de piller leurs femblables , que quand elles y font forcées par,

On met encore les araignées au nombre des ennemis des Abeilles ; elles tendent pour les prendre, des filets aux environs des Ruches , il est facile de troubler leur chasse en détruisant les toiles qu'elles auront construites.

Les fourmis font aussi de ces insectes qu'il faut éloigner des Ruches, parce qu'elle aiment passionnément le miel.

Les teignes , ou les fausses-teignes (1) font bien plus à craindre que

(1) Les teignes ne font autre chose que ces papillons de nuit qui vont se brûler à la chandelle. Ils ne craignent point d'aller , au travers de mille dangers , déposer leurs œufs dans le fonds de la Ruche la mieux peuplée. Ces œufs se changent bien-tôt en chenilles. Dans ce nouvel état , la chenille se pratique une demeure ou une galerie dans les gâteaux où elle vit aux dépens d'une longue suite de cellules de cire qu'elle perce successivemeut pour se nourrir. elle se change dans la suite en chrysalide, & elle s'enveloppe dans une coque qui lui sert de déles fourmis. Elles font beaucoup de tort à l'ouvrage des Abeilles ; elles fe multiplient tellement dans le cours d'une année, que les Abeilles font forcées d'abandonner leur Ruche pour toujours. Le mal qu'elles font eſt preſque irrémédiable dans les anciennes Ruches. Il n'en eſt pas de même dans celles dont je vous pro-poſe de vous ſervir. Comme ces in-ſectes ſe logent toujours dans le haut, il eſt facile de les exterminer en détachant la hauſſe ſupérieure. Par-là vous renouvellez ſans ceſſe les Ruches dont je parle, ce qui fait qu'elles ne font même preſque jamais infectées de ces dangereux papillons. Ajoutés à cela que, s'ils ſe préſen-tent pour y entrer dans le mois de

fenſe, & enfin la chyſalide ſe métamorphoſe en papillon, qui laiſſe de nouveaux œufs dans la Ruche.

Juillet & les fuivans, il fera facile aux Abeilles de les arrêter au paffage, parce qu'alors le cadran eſt préſenté du côté des petites arcades.

Non-ſeulement les Abeilles ſont perſécutées pendant l'été, mais elles le ſont encore cruellement pendant l'hiver. Les ſouris & ſurtout les mulots, qui ſont une eſpèce de ſouris de campagne, ſont à craindre pendant cette ſaiſon. Ces ennemis ne ſont pas aſſez hardis pour oſer entrer dans une Ruche dont les mouches ont leur activité ordinaire, ils ſuccomberoient ſous le nombre des piquûres qu'ils auroient à eſſuyer. Ce n'eſt donc que quand les Abeilles ſont engourdies par le froid, qu'ils cherchent à s'introduire dans leur domicile. Un mulot peut alors dans une ſeule nuit, détruire la Ruche la mieux fournie. Les muſaraignes,

Abeilles d'une Ruche. Voici comment le mal se communique: dans l'état naturel il n'arrive pas que les excrèmens des Abeilles, qui sont toujours liquides, tombent sur d'autres Abeilles ce qui leur feroit un très-grand mal. Dans le dévoiement ce mal arrive parce que les Abeilles n'ayant pas assez de force pour se mettre dans une position convenable par rapport aux autres, celles qui sont au-dessus laissent tomber sur celles qui sont au-dessous, une matière gluante qui gâte leurs aîles, qui bouche les organes de la respiration, & qui les fait périr.

Je ne condamne pas ceux qui conseillent de détacher un gâteau rempli de cire brute pour le donner aux Abeilles malades ; mais comme il n'est pas toujours facile de recourir à cet expédient, sur-tout à la fin de l'hiver, tems auquel règne pres-

Remède contre les maladies des Abeilles.

G

visiter & le soigner plus aisément.
Il doit être à l'abri des grands vents
& des ouragans qui empêchent quelque fois vos Abeilles de rentrer
dans leur Ruche. Il est bon que vos
Abeilles soient placées dans des jardins , afin qu'elles y trouvent au
moins quelques fleurs à portée , &
qu'elles ne soient pas toujours obligées d'aller en chercher au loin. On
court moins de risque de perdre les
essaims , & on a beaucoup moins de
peine à les ramasser , lorsque ces
jardins sont plantés d'arbres peu élevés , tels que sont ceux en buisson ,
que lorsqu'ils ne sont remplis que
d'arbres très-hauts. Il doit y avoir
aussi près des Ruches quelque eau
courante avec quelque cailloux dedans , ou quelques branches d'arbre
posées en travers;afin que les Abeilles puissent y boire , se reposer, se

prefque à fix heures du matin &
d'autres à cinq heures du foir. Vous
devez examiner d'autant plus foi-
gneufement celles qui doivent bien-
tôt effaimer, que les effaims font
le profit le plus fûr, le plus important, & celui qui vous échappe le
plus facilement par défaut d'attention & de vigilance. Ne confiez donc
pas ce foin à des enfans, ou à des
jeunes gens volages & étourdis, qui
abandonneroient vos Ruches pour
courir après des amufemens frivoles.

1°. Quand vous verrez des faux-
bourdons, dont le retour annonce
une nouvelle ponte, un nouveau
peuple, en un mot un effaim, faire
du bruit devant une Ruche & fortir
fur les deux ou trois heures après
midi, c'eft une marque que cette
Ruche effaimera dans quelques
jours.

A quoi reconnoît-on qu'une Ruche doit effaimer.

lorfque le bourdonnement qu'on a entendu la veille, & qui n'a fait qu'augmenter jufqu'à l'heure du départ, ceffe tout d'un coup, & qu'un profond filence fuccède à ce grand tumulte, on peut être affuré que les Abeilles vont prendre leur effort.

Pour n'être point pris au dépourvu dans la faifon des effaims, préparez de bonne heure des Ruches d'une hauffe feulement : lorfque vous appercevrez que le nouveau peuple fort tout d'un coup avec impétuofité & grand bruit de la mère Ruche, armez-vous d'un arrofoir de fer blanc percé, dans lequel il y a une éponge qu'on y a introduite par un des bouts qui s'ouvre & fe ferme avec un crampon (1), vous le

Manière de ramaffer un effaim.

______

(1) *Voyez* figure cinquième , cet arrofoir

coüer rudement la branche sur laquelle il eſt poſé. Si votre eſſaim eſt élevé , vous mettrez pour lors votre hauſſe dans une machine de fer qu'on appelle *baſcule* , (2) &

ſe munir d'un camail , où il y ait un maſque de gaze , & prendre des gans à l'épreuve des piquûres.

(2) La baſcule eſt compoſée par le haut d'un quarré de fer aſſez grand pour emboîter une hauſſe de mes Ruches. La hauſſe poſée dans ce quarré eſt contenue par deux fils de fer en croix qui ſont par deſſous la hauſſe , & qui ſont attachés au milieu des quatre barres qui forment le premier quarré. Ce carré eſt reçu dans un autre quarré également de fer , qui eſt ouvert par un bout , c'eſt-à-dire dont la partie ſupérieure n'eſt point terminée par une barre. Les deux bouts des deux branches collatérales du ſecond quarré , doivent exactement répondte au milieu des deux barres collatérales du premier quarré , & les emboîter de façon que les deux barres des deux quarrées ſoient traverſées par des goupilles ou chevilles de fer qui les uniſſent ſans ôter au premier quarré ſa mobilité. Le ſecond quarré imparfait , a au milieu de la barre du bas un manche de fer , ou une douille pour ſontenir un bâton. *Voyez* figure ſixième. On

inftant; un coup de vent, des nua-
ges qui obfcurciroient le foleil
fuffiroient pour les faifir toutes, &
les empêcher de regagner leur habitation. Il eft donc très-effentiel
de ne pas fuccomber à la tentation
de les laiffer fortir pendant ces deux
mois.

Il faut encore , fur-tout à l'égard
des Ruches bien peuplées, les vifiter
de tems en tems, pour ôter les mouches mortes qui fe trouvent fur la
plaque ou fur la table.

M A R S.

Le mois de Mars eft un de ceux
dans lefquels les opérations font les
plus multipliées & les attentions
plus néceffaires Dès les premiers
jours , fi le tems n'eft pas abfolu-
ment trop rigoureux , vous ferez la
vifite de vos Ruches pour les né-

confiftance de firop ; mettez enfuite
cette compofition dans des bouteilles que vous placerez dans la cave.
On peut en faire autant & fi peu
qu'on veut, en proportionnant les
dofes felon que l'on à peu ou beaucoup d'Abeilles à entretenir. On leur
en préfente fur des affiettes. Cette
compofition foulage non-feulement
les malades ; mais elle purge encore
& fortifie celles qui ne le font pas ,
à qui on peut en donner avec confiance. Elle les guérit encore de la
pareffe & de l'engourdiffement dont
elles font ordinairement faifies à la
fin de l'hiver.

Après qu'on les a purgées , il faut
examiner celles qui manquent de
provifions ou de nourriture & leur
en fournir fans délai.

La meilleure manière de les nourrir, eft de leur fournir des gâteaux

des Ruches ne ſoient pas ſi libres &
ſi ſpacieuſes.

Dès la fin de ce mois, vous devez
tenir un certain nombre de Ruches
toutes préparées pour recevoir les
eſſaims qui ſe préſenteront dans les
mois ſuivans. Vous proportionnerez
votre proviſion au nombre, & à la
force des Ruches que vous avez ,
de façon cependant que vous en
ayiez plutôt plus qu'il ne vous en
faut, que d'être expoſés à en man-
quer dans le tems néceſſaire.

MAI.

Vous ſerez peut-être ſurpris que
je vous conſeille encore de veiller
ce mois - ci ſur les beſoins de vos
Abeilles & de fournir des alimens à
celles qui ſont les plus foibles ,
quoique ce ſoit le tems de la plus
abondante moiſſon pour elles , &

maſſer en même-tems toute la nourriture qui leur eſt néceſſaire, juſqu'à ce qu'ils puiſſent par elles-mêmes aller gagner leur vie. Remar-
quez au reſte qu'il s'agit ici d'une
Ruche foible , qui peut avoir une
reine très-féconde , qui donne trop
d'occupation à un petit nombre d'ouvrières , ſur tout ſi les jours ne ſont
pas également beaux & ne leur per-
mettent pas toujours également
de ſortir pour aller à la proviſion. La
précaution de leur donner à manger
n'eſt donc pas ſuperflue. Vous mettrez par - là en état d'eſſaimer ou
de ſe bien fortifier une Ruche qui
auroit langui & dépéri , parceque
les Abeilles auroient ſuccombé ſous
le poids du travail & de la fatigue.

Dès le commencement de ce
mois , on tourne le cadran du côté
de la grande ouverture , parceque

C'eft principalement vers la fin de ce mois qu'on doit dégraiffer les Ruches, quoiqu'on puiffe le faire dans les précédens, & dans les fuivans quand elles ont des provifions furabondantes, c'eft-à-dire quand la hauffe fupérieure fe trouve remplie & que les Abeilles ont commencé à travailler dans l'inf érieure.

On dégraiffe mes Ruchesen ôtant la hauffe fupérieure, & en plaçant une nouvelle hauffe fous celle qui couvroit la table, on y met fi l'on veut celle qu'on avoit détachée après en avoir recueilli la cire & le miel.

Il n'eft pas néceffaire de vous faire obferver, qu'on n'eft expofé à aucun danger de la part des Abeilles quoiqu'on puiffe faire & qu'on faffe le plus fouvent cette opération en plein midi, elles ne peuvent prefque pas s'appercevoir du partage qu'on

(63)

pour vous & pour vos Abeilles ;
vous n'avez rien à craindre ni pour
elles , ni pour le couvain ; la hauffe
fupérieure, dès qu'elles ont commencé à travailler dans l'inférieure ne le
contient plus, il eft alors placé dans
le bas de la Ruche ; on ne s'empare
donc que d'une hauffe pleine de
cire & de miel. Si vous craignez cependant que le couvain ne foit encore dans la hauffe que vous voulez
enlever , vous différerez cette opération de quelques jours. Il n'y avoit
prefque aucun tems dans l'ancienne
pratique dans lequel on pût tenter
avec fûreté de tailler les Ruches ;
on ne le faifoit qu'en s'expofant à
mille inconvéniens ; au lieu qu'on
peut dans tout les tems & fans
courir le moindre rifque , dégraiffer
les nouvelles Ruches , ou leur ôter
le fuperflu.

MÉMOIRE

SUR LA MANIÈRE
DE GOUVERNER
LES ABEILLES

Dans les nouvelles Ruches de Bois.

Par M. DE MASSAC, de la Société Royale d'Agriculture de la Généralité de Limoges, au Bureau de Brive.

Principio sedes apibus statioque petenda,
Quò neque sit ventis aditus (nam pabula venti
Ferre domum prohibent) neque oves hædique petulci
Floribus insultent, aut errans bucula campo
Decutiat rorem & surgentes atterat herbas.

Virg. Georg. Liv. IV.

A PARIS.

Chez GANEAU Libraire, rue Saint-Sé-
verin, aux Armes de Dombes.

M. DCC. LXVI.

AVERTISSEMENT.

CEUX qui voudront
fçavoir l'hiſtoire naturelle
des Abeilles pourront lire
ce qu'en ont écrit Meſſieurs
de Reaumur, Barin, d'Au-
benton, Pluche, Valmont
de Bomare, Paltau, &c.
&c. Ces Auteurs ne laiſſent
rien à deſirer ſur cette matière. Les Ruches dont
ils parlent, celles mêmes
que quelques uns d'entr'eux
ont imaginées, & celles

dont ils ont fait naître l'i-
dée à plusieurs amateurs
de ces insectes précieux,
ne me paroissent pas rem-
plir leur but. Elles sont
toutes sujettes à des inconvéniens considérables. Les
moins imparfaites sont sans
doute celles de M. Paltau
& celles de M. de Ge-
lieu, perfectionnées par M.
le Comte de la Bourdon-
naye, Procureur-Général,
Syndic des Etats de Bréta-
gne ; mais les premières
qui reviennent au moins à 9

ou 10 liv. chacune, font
encore extrêmement com-
pliquées, fort embaraffan-
tes & le fil de fer qui fert
à faire la féparation de la
hauffe fupérieure qu'on
veut enlever dérange quelquefois tout l'ouvrage, ou
coupe du moins tranfver-
falement les gâteaux, &
par conféquent beaucoup
d'alvéoles remplies de
miel; le miel coulant alors
fur les gâteaux qui font
dans les hauffes inférieu-
res, englue quantité de

mouches, qui en se débat-
tant en engluent d'autres,
ce qui en fait périr un
grand nombre : les secon-
des n'étant construites
qu'en paille, ont besoin
d'être souvent renouvel-
lées. Il est vrai qu'elles ne
sont pas bien chères, puisque chaque hausse ne coûte
qu'environ 12 ou 15 sols ;
mais l'humidité y pénétrant
facilement, la cire & le
miel s'y gâtent de même :
d'ailleurs elles sont principalement fort sujettes aux

fourmis & aux fausses teignes, & il n'est point facile
de nétoyer ces Ruches sans
réveiller la mauvaise hu-
meur des Abeilles, de nourrir celles-ci, & de les soula-
ger dans les tems de maladie & de famine ; enfin de
les préserver de cette foule
d'ennemis qui cherchent ou
à les détruire elles-mêmes,
ou à ravager leurs provi-
sions Une Ruche qui pare
aux inconvéniens de celles
dont je viens de parler & qui
réunit en même-tems leurs

avantages, doit donc mériter la préférence. Telle est celle dont je donne la description dans ce Mémoire, avec les instructions nécessaires aux habitans de la campagne pour y gouverner les Abeilles. Si je n'ai pas eu le don de me faire entendre clairement dans tout le cours de cet ouvrage, je me flatte que l'amour qu'ont pour le bien public des personnes mieux instruites que moi, les engagera à expliquer à celles qui le font moins, ce qui aura

beſoin de quelque éclairciſ-
ſement. J'invite même les
Seigneurs & les Paſteurs
des Paroiſſes, à s'empreſſer
d'adopter les nouvelles Ruches dont il eſt ici queſtion.
Leur première tentative
abondamment récompen-
ſée, perſuadera mieux leurs
Payſans, que tout ce que je
pourrois leur dire, de la
bonté d'une méthode qui
ſera pour eux la ſource d'un
produit très-conſidérable,
capable de faire en partie la
richeſſe & l'agrément du
Royaume.

PRÉFACE.

L'Etabliſſement des Bureaux d'Agriculture fait par notre Roi bien-aimé dans la plupart des Villes du Royaume, ne vous eſt pas ſans doute inconnu, chers habitans des campagnes. Vous avez appris qu'un certain nombre de Citoyens s'aſſembloient de tems en tems dans ces Bureaux pour y traiter de l'Agriculture & de tout ce qui peut y avoir quelque rapport. Mais, avez-vous peut-être dit ſouvent, quel avantage réſultera-t-il pour nous de ces aſſemblées ? en ſommes-nous moins malheureux que nous n'étions auparavant ? nos champs nous produiſent-ils davantage ?

les impôts en font-ils devenus moins accablans ? Je conviens qu'on doit d'autant moins vous blâmer d'avoir fait de pareils raifonnemens, qu'on a vu des Citoyens, qui par état fembleroient devoir mieux fentir les avantages futurs d'un établiffement quelconque, cenfurer celui-ci, méprifer même l'honneur d'en être les foutiens, & le regarder comme un projet plus brillant dans la fpéculation, qu'utile dans la pratique. Vous devez conclure de-là que ces prétendus beaux efprits ne font pas toujours moins exempts de préjugés que des gens fans éducation. Je n'entreprendrai donc pas de les dépouiller de leurs erreurs fur cet article

Leur sotte vanité les empêche-
roit de se rendre à l'évidence de
mes raisons ; en convenant de
leurs torts, leur amour-propre en
souffriroit trop. Il me sera plus
aisé de vous convaincre que Sa
Majesté n'a eu que votre bien
en vue en établissant les Sociétés
Royales d Agricultures. C'est sur
les représentations de ceux qui
les composent qu'il a éxempté
de toute imposition Royale pendant dix ans toutes les terres qui
seroient défrichées ; qu'il a permis de faire des baux à ferme de
vingt sept ans sans les assujettir
à de nouveaux droits ; qu'il a
permis l'exportation des grains,
non seulement d'une province à
une autre , mais encore à l'étran-

ger &c Voila sans doute quelques encouragemens, pour l'agriculture dont vous ressentirez insensiblement les effets : mais voici les avantages présens que vous retirez de nos associations ; elles nous donnent le glorieux privilége d'exposer directement à notre Auguste Monarque, où du moins à ses Ministres, les causes du dépérissement de notre agriculture, & de proposer des moyens pour y remédier. C'est ce que nous avons fait jusqu'à présent avec quelque succès; nous sommes donc en droit d'en espérer de bien plus considérables dans la suite. Ne vous imaginez donc pas que nous ne nous occupons dans nos assem-

blées qu'à y prononcer des dis-
cours sublimes & éloquens, dont
il ne résulteroit tout au plus
qu'une vaine gloire pour ceux
qui en seroient les Auteurs. Ja-
loux de concourir avec le Minis-
tère à votre bien-être futur, &
connoissant l'impossibilité physi-
que où vous êtes d'entreprendre
de nouvelles cultures & de faire
des essais ou des expériences qui,
si elles ne tournoient pas à bien,
vous ôteroient même le moyen
de vaquer pendant long-tems
dans la suite aux travaux les plus
indispensables, nous nous occupons pour la plupart à faire nous
mêmes les premiers ces essais,
ou ces expériences (1), espérant

______

(1) Je conviens avec l'Auteur de la
que

que notre exemple, ou plutôt
votre intérêt, vous engagera à
marcher fur nos traces. Quand
vous verrez nos foins récompen-
fés par une abondante récolte,
ferez-vous affez ennemis de vous-
mêmes pour vous obftiner encore à fuivre une routine moins
avantageufe ? pourrez vous avoir
quelque méfiance fur notre comp-

Philofophie rurale, *vol. in-quarto de* 412
pages imprimé en 1763 , que la feule étude
& l'enfeignement des détails, ni même
certaines découvertes, dont les inven-
teurs exaltent les avantages, ne releveront
par l'Agriculture , tant que les grandes
fources de profpérité feront inconnues. C'eft
donc à la découverte de ces fources que
les Sociétés d'Agriculture doivent s'atta-
cher principalement pour les faire connoître au Gouvernement.

b

te, quand vous n'en croirez que vos yeux & non pas nos difcours? Ce qui doit vous prouver mieux que tout autre chofe que nous ne cherchons pas à vous induire en erreur & que nous fommes effentiellement occupés de votre bonheur, ce font les prix en argent que quelques uns d'entre nous vous ont déjà fait diftribuer de leur plein gré, ceux qu'ils fe propofent de vous donner encore, & les autres récompenfes que nous deftinons aux Cultivateurs qui voudront adopter les méthodes en différens genres, que nous croyons devoir répandre dans le diftrict de notre Bureau : telles font entr'autres de nouvelles Ruches en bois dont celles de M. Paltau & de M. de Gelieu m'ont fait naître l'idée. Mais avant que de vous expliquer la manière d'élever les Abeilles dans ces Ruches, je ne puis m'empêcher de vous faire connoître encore l'obligation la plus essentielle peut - être que vous avez à l'établissement des Bureaux d'Agriculture : votre profession, nous l'avouons à notre honte, étoit tombée dans une espèce d'avilissement. Peu de personnes d'un rang distingué vous considéroient à peine comme des hommes, tandis qu'ils ne devoient qu'à la sueur de votre front le somptueux étalage dans lequel ils faisoient principalement consister leur grandeur.

b ij

Mais aujourd'hui que les Sociétés d'Agriculture ont répandu & répandent tout les jours le goût de l'art que vous exercez, on s'accoutume enfin à le regarder comme l'art le plus précieux, l'art par excellence puisque sans lui toutes les autres professions ne pourroient exister. On sent que l'estime & la protection qu'on doit vous accorder doit être proportionnée à l'importance de vos travaux ; que vous êtes la classe de citoyens, la plus utile, la plus digne d'être honorée, mais malheureusement la moins instruite sur certains objets dont la connoissance vous seroit très-avantageuse : c'est à nous à vous développer ces objets, c'est à vous

à les mettre en pratique. Profitez
donc de nos études, & de nos
lumières ; qui nont que votre
utilité pour but : ne craignez
point de vous égarer ; nous ne
vous ferons jamais marcher qu'à
la lueur du flambeau de l'expérience. Ainfi quelque profonde
qu'ait été jufqu'à préfent votre
vénération pour les anciens ufages, quelque attachement que
vous aiez pour vos pratiques ordinaires, nous efpérons que des
préjugés méprifables n'exerce-
ront plus fur vous un empire ab-
folu. Si nous vous propofons
de réformer certains abus & de
fuivre de nouvelles méthodes,
ne balancez pas à le faire ; ne di-
tes pas que toute nouveauté vous

eſt ſuſpecte : que vous ne croyez rien de bon que ce qui a été pratiqué juſqu'ici ; que vos ancêtres auſſi éclairés que nous ſe ſont bien trouvés de leur façon de faire, & qu'il n'eſt pas néceſſaire de courir les riſques de certaines pratiques qui leur furent inconnues. Mais, je vous le demande, quel riſque pourriez-vous courir en ne faiſant que des entrepriſes dont le ſuccès eſt démontré ? Tel eſt celui de mes Ruches en bois. Loin d'exiger que vous en faſſiez même conſtruire cette année à vos dépens, je me joins avec plaiſir au Bureau de Brive, pour en donner quelques unes en pur don à ceux d'entre vous qui n'avez pas les moyens d'en faire les premiers frais. J'efpere que le profit que vous en tirerez, vous engagera & vous mettra en état d'en faire conftruire vous-mêmes dans la fuite, fur le modèle, & en fuivant fcrupuleufement toutes les dimenfions de celles qu'on vous aura déjà données. Livrez-vous donc à une tentative qui porte tout à la fois un caractère évident d'utilité & d'agrément. Peu à peu la nouvelle conftruction de mes Ruches prendra faveur parmi vous, & vous aurez d'autant plus lieu de vous en applaudir, qu'elle n'eft fujette à aucun des inconvéniens de vos Ruches actuelles, ainfi que je me propofe de vous le démontrer dans le Mémoire suivant, qui renfermera, outre plusieurs détails que j'ai cru nécessaires, un calendrier de toutes les opérations que vous devez faire chaque mois de l'année pour l'éducation de vos Abeilles. Je crois qu'il n'est pas hors de propos que je vous dise auparavant, mais le plus succinctement qu'il me sera possible, quelque chose sur les usages, & le commerce de la cire & du miel.

Les usages de la cire sont si multipliés aujourd'hui, qu'il seroit trop long de les détailler dans cette Préface. Je me contenterai de vous dire, qu'outre plusieurs arts & métiers qui en

font

font une grande confomma-
tion, la médecine fçait s'en
fervir pour nous en donner des
fecours dans le befoin (1). Elle
entre dans la plûpart des on-
guens, des emplâtres & dans
quelques baumes ; elle fait la
baze de plufieurs autres prépara-
tions ; mais la quantité qu'on
en brûle furpaffe de beaucoup
la quantité qu'on employe à
tous les autres ufages enfemble :
& ne feroit-il pas à fouhaiter
qu'elle pût feule fuffire à nous

(1) L'huile qu'on tire de la cire mê-
lée avec beurre frais, eft appliquée avec
fuccès fur les angelures, les gerfures des
lèvres, des mains & autres parties du corps,
pour les dartres vives, & furtout pour
les brûlures.   c

éclairer ! Le suif dont nous nous servons pour cela, empoisonne nos habitations d'une vapeur & d'une fumée aussi désagréables, que nuisibles à nos meubles & à la santé de ceux qui sont obligés de s'en servir de suite pendant quelque tems.

Il s'en faut de beaucoup que l'Europe puisse fournir assez de cire pour le besoin qu'elle en a, On en tire de Barbarie, de Smyrne, de Constantinople, d'Alexandrie, de plusieurs îles de l'Archipel, particulièrement de Candie, de Chio, de Samos, &c. &c. On évalue même la consommation de la cire que le seul royaume de France tire des pays étrangers à plus d'un million de livres pesant. (1)Ce commerce est donc un canal par lequel notre argent coule sans retour. Cependant nous n'avons pas de Provinces qui ne puisse fournir à l'entretien des Abeilles. Ce n'est donc pas la matière à cire qui nous manque, ce ne sont que les ouvrières nécessaires pour la mettre en œuvre. Si on ne voit que très-peu de Ruches dans des cantons ou les Abeilles seroient au mieux,

(1) Il n'y a pas quarante ans qu'on blanchissoit en Bretagne 650 milliers de cire brute ; *à peine aujourd'hui* les ciriers y en blanchissent-ils 250 milliers. *Voyez* le tom. premier du Corps d'observations de la Société d'Agriculture. de Bretagne, *pag.* 288.

il ne faut s'en prendre qu'à la façon dont on les a gouvernées jusqu'à présent. Les accidens multipliés qui les font périr, ou qui réduisent leur produit à très-peu de chose, la difficulté de les approcher & de les soigner, la c outume barbare de les étouffer pour avoir leurs provisions ; voilà les vérirables causes de la rareté de ces insectes laborieux & par conséquent de la cire & de la bougie. Il est donc évident qu'en remédiant à tous ces inconvéniens, en les évitant même absolument par la construction de mes Ruches, les Abeilles peuvent devenir fort communes dans tout le Royaume.

Quoique le miel ne soit pas
aussi précieux que la cire, & qu'il
ait perdu de sa valeur depuis que
le sucre est connu, il a cependant
un mérite très-réel, & il est toujours d'un bon débit. Je ne m'a-
muserai point à vous faire connoître toutes ses propriétés ; je vous
dirai seulement que d'habiles médecins le trouvent très-bon pour
la santé. Il incise, disent-ils, il a-
mollit, il déterge, & conséquem-
ment il est efficace contre toute
sorte d'obstructions & d'embarras causés par la viscosité ou l'é-
paississement des humeurs. Il n'y
a point de reméde plus infaillible
pour faciliter une prompte expectoration. Il opère avec le

même fuccès, lorfqu'on fe trouve le matin chargé de pituites épaif-fes. Enfin, quoique contraire, parce qu'il fermente facilement, aux tempéramens fecs & billieux, & à ceux dont le fang a trop de difpofition à s'enflammer, il eft très-falutaire aux perfonnes d'un tempérament froid, & il entre dans un très-grand nombre de compofitions (1).

Le choix en eft auffi facile

(1) Le marc des gâteaux des Abeil-les, qui eft ce qui refte, après qu'on a exprimé la cire & le miel, & qui eft compofé de la foie que le ver a filée, & de la dépouille des nymphes, eft réfo-lutif. Les Maréchaux en font ufage pour les foulures des nerfs des chevaux.

qu'important; il faut le choisir
épais, grenu, lourd tranfparent,
d'une odeur un peu aromatique,
& d'un goût doux & piquant. Il
faut préférer le blanc ou le pâle
au plus foncé, le nouveau au
vieux, celui du Printems ou de
l'Eté à celui de l'Automne, celui
qui écume peu en bouillant à celui qui écume beaucoup, enfin
celui d'une médiocre odeur à
celui qui en a une trop fenfible,
celui-ci étant pour l'ordinaire
falfifié par le moyen de quelques
herbes fortes qu'on y a mêlées.
En général les herbes contri-
buent beaucoup à lui donner des
odeurs & des qualités plus ou
moins eftimables. Entre les miels

blancs, celui de Narbonne, ou plutôt de Corbière, petit bourg à trois lieues de cette Ville, est regardé comme le plus délicieux, à cause de la chaleur du climat & de la quantité de romarin & de mélisse qu'il y a dans ce pays.

Je finirai enfin cet avant-propos, en réfutant une objection, qui, quoique spécieuse & solide en apparence, n'en est pas moins pitoyable & moins injurieuse pour vous, habitans des campagnes: Si vous trouvez, disent des prétendus politiques, un grand avantage, comme ils n'en doutent point, en gouvernant les Abeilles selon la méthode que je vais vous proposer il est à craindre que vous n'abandonniez, ou du moins que vous ne négligiez la culture des terres, qui eſt l'objet principal & le plus important pour l'Etat.

Je réponds à cela que la pauvreté & la miſère ſont bien plus capables de faire abandonner l'Agriculture qu'une honnête médiocrité, que malheureuſement vous êtes encore bien loin d'acquérir; & que plus vous ſerez à votre aiſe, mieux les terres ſeront cultivées. Voit-on en effet chez nos voiſins, où les Cultivateurs ſont riches, parce qu'ils participent avec les autres hommes de la nation aux avantages du commerce, qu'ils négligent la campagne ? D'ailleurs n'est-il pas ordinaire de voir dans toutes les classes des Citoyens, que plus on a de richesses, plus on desire d'en acquérir, parce que les besoins se multiplient en proportion des ressources qu'on a pour les satisfaire. L'on craindroit donc mal-à propos, en vous fournissant les moyens de faire un commerce utile, & de vous livrer à quelque genre d'industrie, de vous empêcher de donner à l'Agriculture tous les soins qu'elle exige. D'ailleurs combien y en a-t-il parmi vous, qui manquent, je ne dis pas des douceurs de la vie, mais presque toujours du pur nécessaire. Combien y en a-t-il qui courbés du matin au soir sur la charrue, ou sur des ceps de vigne, ne boivent que de l'eau & ne mangent que des légumes grossiers ! Oui c'est par vous, & ce n'est pas pour vous que nos champs produisent tout ce qui sert à nos usages. Si vous ne pouvez donc participer aux fruits de vos travaux, ne l'attribuez point à la nature de votre condition. La dureté & l'injustice de vos semblables en font la seule cause. Les Bureaux d'Agriculture, persuadés de cette vérité, ne négligeront rien dans la suite, non - seulement pour procurer des soulagemens à vos maux, mais encore pour vous

mettre au moins en état de jouir
abondamment de toutes les cho-
ſes néceſſaires dont vous avez
encore plus de beſoin que tout
le reſte des hommes.

MÉMOIRE

MÉMOIRE
SUR LA MANIÈRE
DE GOUVERNER
LES ABEILLES
Dans les nouvelles Ruches de Bois.

LA nouvelle Ruche (1) dont je désire , habitans des Campagnes que vous fassiez usage dans la suite, Description de la nou-velleRuche.

(1) Ceux qui voudront se pourvoir de ces Ruches , & qui ne sauroient les faire exécuter d'après la description & la figure que j'en donne , pourront en voir un modèle en grand , déposé au Bureau d'Agriculture de Brives , chez M. Malepeyre de la Place , négociant. J'avertis que chaque Ruche en peut jamaisexcéder le prix de 4 liv. 10 s. , tant pour la main d'œuvre que pour la matière.

A

doit être compofée d'une table &
de deux hauffes. La table doit avoir
dix huit lignes d'épaiffeur , dix-fept
pouces de longueur & quinze de
largeur. Elle renferme quatre cho-
fes particulières , favoir ; *un menton* pardevant , pour faciliter aux
Abeilles l'entrée de leur Ruche , &
qui doit avoir fix lignes de hauteur
au-deffus de la table , fix pouces
de l'argeur fur le bord de devant ,
& trois pouces contre la Ruche ;
une *élévation* au milieu de onze pouces en quarré fur fix lignes de hauteur , un *trou* , *ou une ouverture* de fix
pouces en quarré , & un *tiroir* par
deffous ou une couliffe. (1)

Le trou ou l'ouverture de fix
pouces , eft ordinairement condam-
née par le tiroir , ou plutôt par la
couliffe qui fe gliffe fur des liteaux ,

____

(1) Voyez figure première.

& qu'on tire par derrière la table toujours pofée fur trois piquets ou pieds placés en triangle , & élevés de terre de quatorze à quinze pou ces. On voit au milieu de la couliffe une ouverture de trois pouces & demi en quarré , qui doit être tantôt fermée avec une plaque de bois de quatre ou cinq lignes d'épaiffeur,& percée de plufieurs trous, tantôt avec une plaque de bois uni , fuivant les circonftances que j'indiquerai dans la fuite. La table & fes pieds doivent être de bois de chêne ou de châtaigner , ou de toute autre efpèce de bois la plus forte.

On forme enfuite deux pièces ou hauffes en bois de pin , ou de fapin , ou au défaut de ceux·ci , de peuplier. Une hauffe (2) eft une efpèce de boîte , qui fur onze pouces

____

(2) *Voyez* figure deuxième.

de hauteur, fans y comprendre le fond, qui doit avoir environ neuf ou dix lignes d'épaiffeur, ainfi que tous les côtés de la hauffe, a en dedans onze pouces une ligne en quarré de largeur, pour qu'elle puiffe envelopper & circonfcrire exactement, du côté qui eft fans fond, l'élévation qui eft au milieu de la table. On enchâffe par dedans & au milieu du fond un pied droit au pédicule, qui s'élève de la hauteur de fix pouces, pour fupporter deux baguettes difpofées en croix. On pratique fur la face de chaque hauffe qui doit regarder le menton de la table & à huit lignes au deffus du bord, une bouche de quinze lignes de hauteur, de vingt-deux lignes de largeur par le bas, & de huit lignes par le haut. On pratique encore du même côté, & à quinze lignes du

bord du fond fupérieur , une ouverture de deux pouces de longueur
fur la largeur de dix-huit lignes.

La réunion de deux hauffes femblables (1) , fur lefquelles, pour les
rendre plus ftables , on place une
ardoife ou une planche lourde ,
avec une groffe pierre pardeffus ,
formera une Ruche (2) qu'on pourra encore couvrir de paille , pour
mieux la garantir des impreffions du
froid (3) ; & pour réunir les hauffes avec plus de folidité , on aura
foin de mettre à chacune du côt

(1) *Voyez* figure troifième.
(2) Si l'on aimoit mieux former chaque
Ruche de trois hauffes , il faudroit alors que
celle-ci n'euffent qu'environ huit pouces de
hauteur chacune.
(3) On pourroit encore pour éviter le grand
froid , tapiffer l'intérieur de chaque hauffe ,
avec une natte de paille très-mince , fi on le
croit néceffaire.

A iij

droit & du côté gauche , un liteau d'environ un pouce de largeur , & de fept à huit lignes d'épaiffeur : on aura foin auffi que le fond ou le plancher de chaque hauffe déborde également des mêmes côtés ; on fera deux trous & à égale diftance dans cet avancement , & on affujettira le tout avec des chevilles de bois , dont celles de la hauffe inférieure entreront dans la table.

A l'ouverture du plancher fupérieur , on adaptera un morceau de bois ou de liége, qu'on ôtera facilement avec un couteau , quand cette hauffe fera replacée au bas de la Ruche.

A l'égard des deux bouches qui font en face , on y mettra un cadran de tôle , dont celui de la bouche fupérieure fera toujours tourné du

côté qui ne donne aucune entrée
au jour. Ces cadrans (1) doivent
être de figure ronde , & de quatre
pouces & demi de diamètre. Ils font
partagés en quatre parties. La première contient trois ou quatre petites arcades dans le bord , de la hauteur de fept lignes fur quatre ou cinq
de largeur ; la deuxième eft percée
de plufieurs petits trous ; la troifième
eft la grande ouverture , & la quatrième eft pleine.

En prenant la précaution de donner aux quatre faces feulement de
la Ruche que je viens de décrire ,
& non au fond ou plancher de chaque hauffe , deux couches d'une
peinture à l'huile , dans laquelle on
ne fera entrer que de l'ocre jaune &
du charbon de farmant , cette Ruche
durera au moins vingt-cinq ans ,

(1) *Voyez* figure quatrième.

A iv

pourvu néanmoins qu'on ait foin de renouveller cette peinture tous les cinq ou fix ans.

Effet des nouvelles Ruches. L'effet de ces Ruches eft que les Abeilles, ayant rempli la pièce d'en-haut, fe trouvent arrêtées par le fond de celle d'en bas, qui forme une efpèce de plancher placé à-peu-près au milieu de la hauteur de la Ruche. Pour continuer leur travail, elles rempliffent la pièce de deffous, celle ci étant à moitié pleine, ou environ, on peut enlever celle de deffus pour profiter de la cire & du miel. Lorfqu'elle eft vide, on la met fous la pièce qui eft reftée fur la table. Par là le couvain eft confervé auffi bien que les Abeilles, & on ne court jamais rifque de les laiffer fans fubfiftance.

Manière de fe fervir des nouvel-les Ruches. Quand vous voudrez vous fervir de ces Ruches, vous commencerez

par mettre ſur une des pièces , c eſt-
à-dire , ſur une ſeule hauſſe , une
Ruche commune qui ne ſoit pas
tout à-fait pleine. Vous luterez celle ci exactement pour empêcher les
Abeilles d'y entrer par l'ouverture
ordinaire , & pour les forcer à prendre leur route par la bouche de la
pièce ajoûtée à leur logement ; elles
continueront à travailler comme ſi
l'entrée de leur Ruche étoit la
même. Qand vous vous appercevrez que leur travail ſe porte dans
leur nouvelle habitation , vous en-
leverez alors la Ruche ordinaire ou
leur ancien domicile , pour en re-
tirer tout le miel & toute la cire.
Vous mettrez une hauſſe vide ſous
celle où les Abeilles auront travaillé , & vous répéterez cette manœu-
vre toutes les fois que la pièce ſupérieure étant remplie , les Abeilles

atiront commencé à travailler dans celle de deſſous.

Au reſte , vous pourrez encore recevoir aiſément les eſſaims , ce que j'expliquerai plus au long dans la ſuite , dans une des pièces des Ruches de cette eſpèce , & lorſque leur travail ſera un peu avancé , vous étendrez leur logement par une ſeconde hauſſe que vous placerez ſous la première.

Inconvé-
niens des
anciennes
Ruches , &
avantages de
la nouvelle.

Les principaux inconvéniens des Ruches dont vous vous êtes ſervi juſqu'à préſent , ſont la méthode ordinaire & meurtrière de les tailler ou de faire périr les Abeilles dans l'eau , ou avec la vapeur du ſouffre pour leur enlever leur récolte ; ces légions d'ennemis qui en veulent à leur vie & à leur portion ; la difficulté d'approcher ces mouches ſans crainte , de les nourrir , de les né-

toyer & de leur donner tous les fecours néceſſaires ; enfin le grand
froid , les pluies & l'humidité qui
leur ſont ſi contraires.

C'eſt pour parer à tous ces inconvéniens que j'ai cherché une nouvelle manière de les loger & de les
élever, qui , en vous facilitant l'ac-
cès de leurs Ruches , vous aſſurera
leur conſervation , & qui , en four-
niſſant des moyens aiſés de vous
emparer de leur ſuperflu, les laiſſa
multiplier autant que vous le deſi-
reriez. Ces objets importans ſont
exactement remplis par la ſeule
conſtruction de mes Ruches de bois,
& par la manière d'y gouverner les
Abeilles. Je ne puis mieux vous en
convaincre, qu'en vous faiſant une
expoſition des avantages de ma méthode ſur la vôtre. Tout concourt
en effet à vous démontrer que les

nouvelles Ruches que je vous propofe ne font point expofées principalement au pillage , & que les
Abeilles y font parfaitement à cou-
vert des attaques & des incurfions
de leurs ennemis. Le cadran que
j'y adapte , s'y oppofe fuffifament ,
en le tournant dans le tems convenable & de la manière que je vous
indiquerai dans ce mémoire. Le
vent & les orages qui n'éprouvent
aucune réfiftance de la part de vos
Ruches , fur-tout fi elles font en
paille , ne font que des efforts im-
puiffans fur celles de cette nouvelle
conftruction , dont un des grands
avantages , ainfi que je l'ai déjà dit ,
fe tire de la grande facilité qu'on a
à s'approprier le fuperflu de la provifion des Ruches. On le fait fans
courir aucun rifque & fans en faire
courir aux Abeilles , fans les dé-

truire, fans les troubler dans leurs
travaux ou dans leur repos. Il y a
donc une forte de barbarie auffi
contraire au bien de l'Etat, qu'aux
intérêts de ceux qui y ont recours,
à faire périr autant de ces infectes
qu'on le fait chaque année en fuivant votre méthode. Indépendam-
ment des inconvéniens qui fe ren-
contrent dans la manière dont vous
taillez vos Ruches, il y en a encore
d'autres pour le moins auffi redou-
tables, & que vous ne pouvez cependant éviter, quelques précautions que vous puiffiez prendre.
Dans quelle faifon de l'année pré-
tendez-vous tailler les Ruches ? Les
uns veulent que ce foit à la fin de
l'hiver, les autres au mois de Juillet, ou au mois d'Août, d'autres
affignent d'autres faifons felon les
différentes Provinces dans lefquelles

on fe trouve ; or en quelque **tems**
que vous tentiez cette expédition ,
il eft impoffible que vous ne faffiez
périr une grande quantité de couvain , c'eft-à dire de nimphes , ou
de vers qui doivent fe transformer
en Abeilles ; tandis que vous tran-
chez à la hâte dans l'intérieur d'une
Ruche , où tout eft également téné-
breux & embarraffé , vous portez
fouvent le couteau fatal fur des gâteaux qui contiennent des œufs , ou
des mouches qui vont éclore , vous
coupez indifférament les rayons
qui doivent refter , & ceux qui peuvent être emportés. Par-là vous
épuifez cette Ruche , & vous la
mettez hors d'état de fe repeupler ou
de donner des effaims.

La nouvelle conftruction de mes
Ruches , offre des moyens bien fimp-
ples de les dégraiffer fans aucune

perte , & d'éviter les suites funestes de la taille , & du renouvellement des anciennes Ruches. Vous trouverez dans la suite de cet ouvrage , les précautions que vous devez prendre pour rendre cette opération aussi aisée,& aussi avantageuse qu'il est possible.

Les Abeilles se pillent quelquefois elles-mêmes , non par libertinage, mais par nécessité. Les grosses brunes des bois sont plus sujettes à caution que toutes les autres espèces que je vous ferai connoître. N'en souffrez donc jamais dans votre Rucher. C'est par leurs inclinations perverses que celles-ci forment des bandes de voleurs & de brigands , au lieu que les autres, naturellement pacifiques & laborieuses, ne font le métier de piller leurs semblables , que quand elles y sont forcées par,

Pillage
des Abeilles.

la misère & la disette, au commencement du printems, ou d'un nouvel établissement , quand les premiers jours ont été mauvais , & ne
leur ont pas permis de sortir. Celles
qui ont encore essuyé les cruelles
visites des guêpes, des frelons & de
plusieurs autres insectes sont souvent
obligées d'abandonner leur domicile , pour aller chercher leur subsistance dans d'autres Ruches plus
saines & mieux garnies. Le pillage
est plus à craindre deux ou trois jours
après la pluie , parceque alors la
faim presse plus vivement, celles qui
ont souffert par défaut de provisions.
L'appétit est alors si violent , qu'elles
saisissent les moyens les plus courts
de le contenter en peu de tems.

Moyens d'éviter le pillage. Le moyen le plus efficace pour
prévenir ou éviter le pillage, moyen
au reste que vous ne pouvez employer

ployer aifément dans votre ancienne méthode, eft de n'avoir en toutes
faifons que des Ruches fortes en
peuple & en provifions. Il ne s'agit
pour cela que de foigner attenti-
vement vos Abeilles dans tous les
tems critiques , de fournir à leur
fubfiftance , de veiller exactement
à leur propreté , de réunir & marier
tous les petits effaims enfemble &
de tourner le cadran du côté des
petites arcades quand le tems le
demandera. Par ces précautions ef-
fencielles , qu'il eft très-facile de
prendre , en fe fervant de ma Ruche , vos Abeilles ne manqueront
de rien. Elles feront au contraire
en état de fe bien défendre & de foutenir , avec avantage , les affauts
que les mouches étrangères voudront leur livrer.

B

Ennemis des Abeilles.

Je vous ai déjà dit que vous aviez été jufqu'à préfent les plus grands deftructeurs des Abeilles par la manière dont vous vous empariez du fruit de leurs travaux ; mais puifque vous pouvez en jouir aujourd'hui fans leur ôter la vie, on ne doit plus vous mettre au rang de leurs ennemis. Il n'en eft pas de même des hirondelles, & des moineaux qui les perfécutent furieufement en s'attroupant autour de vos Ruches ; ils tombent fur les Abeilles, les avalent comme des grains de bled, & les portent même dans leur nids pour en nourrir leurs petits. On ne peut employer qu'avec beaucoup de patience des foibles reffources contre les attaques de ces oifeaux, malheureufement trop multipliés, pour que vous puiffiez raifonnablement efpé-

rer de les détruire. Vous vous contenterez donc d'en diminuer le nombre autant qu'il vous fera poffible.
Il y a d'autres oifeaux, tels que le
picverd ou martinpêcheur, qui ont
l'induftrie de percer les Ruches de
pailles avec leur bec affilé, & de
manger les Abeilles qu'ils peuvent
accrocher avec leur langue, tentative qu'ils ne peuvent faire que dif-
ficilement fur mes Ruches.

Les guêpes & les frelons fe réu-
niffent auffi, pour piller une Ruche
trop foible pour leur faire réfiftance ; mais ces infectes fe contentent
le plus ordinairement d'attaquer les
Abeilles en détail & par trahifon ;
on ne connoît point de remède aux
ravages de ces lâches affaffins. Tout
ce que vous pouvez faire de mieux ,
c'eft d'effayer de détruire les guê-
piers des environs de votre Rucher.

On met encore les araignées au nombre des ennemis des Abeilles ; elles tendent pour les prendre, des filets aux environs des Ruches , il eſt facile de troubler leur chaſſe en détruiſant les toiles qu'elles auront conſtruites.

Les fourmis ſont auſſi de ces inſectes qu'il faut éloigner des Ruches, parce qu'elle aiment paſſionnément le miel.

Les teignes , ou les fauſſes-teignes (1) ſont bien plus à craindre que

(1) Les teignes ne ſont autre choſe que ces papillons de nuit qui vont ſe brûler à la chandelle. Ils ne craignent point d'aller , au travers de mille dangers , dépoſer leurs œufs dans le fonds de la Ruche la mieux peuplée. Ces œufs ſe changent bien-tôt en chenilles. Dans ce nouvel état , la chenille ſe pratique une demeure ou une galerie dans les gâteaux où elle vit aux dépens d'une longue ſuite de cellules de cire qu'elle perce ſucceſſivemeut pour ſe nourrir. elle ſe change dans la ſuite en chryſalide, & elle s'enveloppe dans une coque qui lui ſert de déles fourmis. Elles font beaucoup de tort à l'ouvrage des Abeilles ; elles fe multiplient tellement dans le cours d'une année, que les Abeilles font forcées d'abandonner leur Ruche pour toujours. Le mal qu'elles font eft prefque irrémédiable dans les anciennes Ruches. Il n'en eft pas de même dans celles dont je vous propofe de vous fervir. Comme ces infectes fe logent toujours dans le haut, il eft facile de les exterminer en détachant la hauffe fupérieure. Par-là vous renouvellez fans ceffe les Ruches dont je parle, ce qui fait qu'elles ne font même prefque jamais infectées de ces dangereux papillons. Ajoutés à cela que, s'ils fe préfentent pour y entrer dans le mois de

fenfe, & enfin la chyfalide fe métamorphofe en papillon, qui laiffe de nouveaux œufs dans la Ruche.

Juillet & les fuivans, il fera facile aux Abeilles de les arrêter au paffage, parce qu'alors le cadran eft préfenté du côté des petites arcades.

Non-feulement les Abeilles font perfécutées pendant l'été, mais elles le font encore cruellement pendant l'hiver. Les fouris & furtout les mulots, qui font une efpèce de fouris de campagne, font à craindre pendant cette faifon. Ces ennemis ne font pas affez hardis pour ofer entrer dans une Ruche dont les mouches ont leur activité ordinaire, ils fuccomberoient fous le nombre des piquûres qu'ils auroient à effuyer. Ce n'eft donc que quand les Abeilles font engourdies par le froid, qu'ils cherchent à s'introduire dans leur domicile. Un mulot peut alors dans une feule nuit, détruire la Ruche la mieux fournie. Les mufaraignes,

qui font encore une espèce de sou-
ris, font , dans certaines années , les
plus terribles ravages dans les Ruches ordinaires qui n'ont aucun ram-
part à leur opposer. Ces destructeurs
de Ruches , ainsi que les putois &
les renards , malgré la finesse & l'industrie qu'on leur attribue , ne peuvent absolument rien tenter de pré-
judiciable à mes nouvelles Ruches en
bois.

On ne connoît guère plus d'ennemis des Abeilles , qu'une espèce de
poux rougeâtre , à peu près de la
grosseur d'un ciron, ou de la tête
d'une petite épingle. Il se tient presque toujours sur le corcelet ou dans
le duvet dont le corps des Abeilles
est garni. Cette vermine est plus
ordinaire dans les hivers humides
& pluvieux. On n'a pas de remède
certain contre cette maladie pédicu-

laire, le feul moyen de l'éviter &
de délivrer les Abeilles des punai-
fes , eft de compofer les hauffes des
Ruches dont il s'agit , de bois de pin
dont ces infectes déteftent l'odeur.

Maladies
des Abeilles. Les maladies des Abeilles du
moins celles qui font connues , ne
font pas en grand nombre. La plus
dangereufe ou la plus réelle de toutes , eft la dyffenterie ou le dévoiement (1). Elle eft contagieufe
& fait périr prefque toutes les

(1) Plufieurs Auteurs célèbres penfent que
cette maladie provient de ce que les Abeilles
ont été obligées de vivre de miel pur , & de
ce qu'elles n'ont pu fe nourrir en partie de
cire brute. Ce fentiment eft fondé fur l'épreuve
qu'on a fait de ne nourrir les Abeilles que de
miel pendant quelque tems , ce qui leur a ef-
fectivement donné le flux de ventre. Auffi ces
mêmes auteurs penfent qu'on remédie efficace-
ment à cette maladie , en mettant dans la Ruche où font les malades , un gâteau qu'on tire
d'une autre Ruche dont les alvéoles font remplis de cire brute , parceque c'eft l'aliment dont
la difette a caufé la maladie.

Abeilles

Abeilles d'une Ruche. Voici comment
le mal ſe communique: dans l'état naturel il n'arrive pas que les excrèmens
des Abeilles, qui ſont toujours liquides, tombent ſur d'autres Abeilles
ce qui leur feroit un très-grand mal.
Dans le dévoiement ce mal arrive
parce que les Abeilles n'ayant pas
aſſez de force pour ſe mettre dans une
poſition convenable par rapport aux
autres, celles qui ſont au-deſſus laiſſent tomber ſur celles qui ſont au-deſ-
ſous, une matière gluante qui gâte
leurs aîles, qui bouche les organes de
la reſpiration, & qui les fait périr.

Je ne condamne pas ceux qui con-
ſeillent de détacher un gâteau rempli de cire brute pour le donner aux
Abeilles malades ; mais comme il
n'eſt pas toujours facile de recourir à cet expédient, ſur-tout à la fin
de l'hiver, tems auquel règne preſ-

Remède
contre les
maladies des
Abeilles.

G

que toujours la cruelle maladie dont je viens de parler , on a trouvé un autre remède auffi sûr , & dont on peut avoir provifion en tout tems ; j'en donnerai la recette dans ce mémoire.

Expofition desAbeilles. Il y a une très-grande différence entre l'expofition & la pofition des Abeilles. Elles peuvent être dans une bonne expofition & avoir une pofition défavorable ; de même elles peuvent être dans une pofition heureufe, & cependant fe trouver dans une expofition qui ne le feroit pas.

On entend par expofition d'une Ruche, fon emplacement relativement au foleil & aux vents. Il faut, autant qu'il eft poffible , éviter de placer vos Ruches au nord & au couchant : votre Rucher fera toujours beaucoup mieux au midi. Si cependant votre terrein ne vous permettoit pas de choifir , il faudra au moins avoir attention que toutes vos Ruches foient expofées au foleil de dix heures ; de forte que dans ce moment , il donne fur les entrées de vos Ruches , parceque , fi elles recevoient les premiers rayons du foleil levant , beaucoup d'Abeilles déterminées à la fin de l'hiver & au commencement du Printems à fortir de leur Ruche, par l'impreffion de cette première chaleur qui les auroit dégourdies, prendroient trop matin leur effort : il y en auroit qui feroient faifies dehors par le froid , & qui n'auroient pas la force de regagner leur habitation ; & ainfi la Ruche la mieux fournie fe dépeupleroit en peu de tems.

Votre Rucher, fi cela dépend de vous , doit être proche de votre maifon , afin que vous puiffiez le

Pofition d'un Rucher.

viſiter & le ſoigner plus aiſément.
Il doit être à l'abri des grands vents
& des ouragans qui empêchent quelque fois vos Abeilles de rentrer
dans leur Ruche. Il eſt bon que vos
Abeilles ſoient placées dans des jardins , afin qu'elles y trouvent au
moins quelques fleurs à portée , &
qu'elles ne ſoient pas toujours obligées d'aller en chercher au loin. On
court moins de riſque de perdre les
eſſaims , & on a beaucoup moins de
peine à les ramaſſer , lorſque ces
jardins ſont plantés d'arbres peu élevés , tels que ſont ceux en buiſſon ,
que lorſqu'ils ne ſont remplis que
d'arbres très-hauts. Il doit y avoir
auſſi près des Ruches quelque eau
courante avec quelque cailloux dedans , ou quelques branches d'arbre
poſées en travers;afin que les Abeilles puiſſent y boire , ſe repoſer , ſe

garantir du chaud , fe raffembler ou fe fauver de l'eau , quand quelque coup de vent les y a difperfées ou précipitées. Au défaut d'eau courante , vous leur en fournirez aux environs de leurs Ruches dans des affiettes , fur lefquelles vous mettrez des petites branches afin qu'elles puiffent boire fans danger.

Il leur eft furtout très-avantageux que le lieu dans lequel elles font placées , & les environs abondent en herbes aromatiques, telles que le thym , le romarin , la mélifle , la fariette , la lavande , le ferpolet , la fauge , les genêts , le lys , le jafmain , la roze & autres fleurs de bonne odeur. Tout cela les attire , les attache & les fixe dans leur domicile. Enfin l'abondance des prés tant naturels qu'artificiels , la proximité des bois , des friches même &

des petits ruiſſeaux , le voiſinage des avoines, & principalement des bleds ſarrazins ou bleds noirs , & des mont agnes couvertes d'herbes odoriférantes , forment une excellente poſition. Ne penſez pas au reſte que vous puiſſiez placer des R uches dans tout canton , en auſſi grande quantité qu'il vous plaira : il faut proportionner le nombre des Ruches à la quantité de nourriture que peut fournir un pays , & n'en pas placer cinquante dans un lieu qui n'en peut nourrir que vingt cinq.

Mauvaiſe poſition des Abeilles.

Le voiſinage des étangs , & des grandes rivières eſt fort pernicieux aux Abeilles ; parce qu'il y en périt un très-grand nombre dans des tems de grands vents & de forts orages. On doit principalement éloigner d'elles les herbes & les plantes qui peuvent leur nuire ou donner une

mauvaiſe qualité à leur miel. De ce
nombre ſont les oignons, l'ail, la
ciboule, les poireaux, la ciguë, la
rhue, la juſquiame &c., le ſureau,
l'orme, le tilleul, le thitimale donnent la diſſenterie aux Abeilles. L'el-
lebore, le buis, l'arbouſier, l'if,
le cornouillier, ſelon quelques auteurs, les incommodent, & les vi-
gnes nuiſent à la qualité de leur
cire. Je ne prétends pas vous dire
qu'il faille ſcrupuleuſement arra-
cher toutes ces différentes plantes,
arbres ou arbuſtes, ce qui ſeroit ſouvent impoſſible, ſoit parce qu'on en
feroit inutilement une recherche
exacte, ſoit parce qu'il ne vous eſt
pas permis d'aller détruire ſur le
terrein d'autrui, des arbres ou des
herbes qui ſeroient nuiſibles à vos
Abeilles. Je veux ſeulement vous
avertir qu'il faut préférer pour pla-

cer vos Ruches , les lieux qui abondent le moins en mauvaifes plantes,
& qu'il eft néceffaire de les faire périr , ou de les empêcher, autant qu'il
dépendera de vous , de fe multiplier
dans les environs de votre Rucher.

Choix des Abeilles On peut réduire les différentes
efpèces d'Abeilles à trois. Quelques-
uns font mention d'une quatrième
efpèce qu'on ne voit guère dans certaines Provinces. Celles-ci font
fort reconnoiffables & de plus très-
méprifables. Elle font d'une taille
moyenne , prefque grifes , & couleur de cendre. On les regarde avec
raifon comme des fauvages ; on
ajoute qu'elles défolent les autres
par leurs vols & leurs pirateries. Je
reviens aux trois efpèces qui font
plus connues.

Celles de la première efpèce font
plus groffes, plus grandes , & d'une

couleur plus brune & plus foncée que les autres ; elles ont été prifes dans les bois & enfuite tranfplantées dans nos jardins.

Celles de la feconde , font d'une groffeur médiocre , mais elles font noirâtres & d'une couleur obfcure ; elles font également tirées des bois , & on a un peu de peine à les apprivoifer.

Enfin celles de la troifième efpèce font plus petites que toutes les autres , mais elles font polies, luifantes ; d'un jaune aurore , vives d'ailleurs & fémillantes. Ce font celles qu'il faut toujours préférer , parce qu'elles font de très bonnes ouvrières , très-aifée à apprivoifer & qu'elles confervent plus long-tems leurs bonnes qualités. On les appelle les *petites Hollandoifes* , ou les *petites Flamandes,* parce qu'elles nous viennent de la Flande & de la Hollande. Elles font aujourd'hui affez généralement répandues & très-communes dans les trois Evêchés , & dans la Lorraine. Celles de la feconde efpèce ont à la vérité des qualités eftimables , mais dans un degré inférieur. On peut s'en contenter quand il eft difficile de s'en procurer d'autres. Le choix eft ici très-important, le produit des Ruches en dépend en grande partie.

Tems du tranfport des Ruches qu'on achete.

Ce n'eft qu'à la fin de l'hiver , ou au commencement du printems qu'on doit faire le tranfport des Ruches qu'on achète ; vous ne courez alors aucun rifque & vous n'êtes expofé à aucune méprife. Les Abeilles ayant effuyé toute la mauvaife faifon , vous pouvez facilement juger en les achetant de leur fituation, & former des conjectures aſſurées ſur leur travail & leur produit D'ailleurs le voyage les réveille , les dégourdit & leur donne de l'appétit. Il eſt donc eſſentiel qu'à leur arrivée elles puiſſent ſe répandre dans la campagne pour y chercher leur ſubſiſtance ; ce qu'elles ne peuvent tenter qu'au commencement du printems.

Pour connoître tout à la fois , ſi une Ruche a des munitions & une forte garniſon frappés ſur la Ruche Si vous entendez un ſon aigu & perçant , il n'y a preſque rien dans la Ruche. Si elle rend un ſon étouffé , regardez-là comme bien pourvûe dans tous les genres. Voici encore un ſigne certain de la multitude de mouches dans une Ruche. Soulevez de la hauteur de deux ou trois pouces ſeulement celle que vous voulez vendre ou acheter. Si la place

A quels ſignes reconnoit-on la bonté d'une Ruche.

qu'elle couvre eſt propre, ſi vous n'y appercevez , ni ordures , ni inſectes morts, vous pouvez la regarder comme bonne; mais vous ne devez pas la regarder comme telle , ſi cette place n'eſt pas bien nétoyée. On reconnoît encore l'âge des Abeilles par l'état de leurs aîles , qui ſont ſaines & entières dans leur jeuneſſe , & qui, dans un âge plus avancé ſe frangent & ſe déchiquétent à force de ſervir. Il faut préférer celles de l'année courante qui ſont brunes & ont des poils blancs , au lieu que celles de l'année précédente ont des poils roux, & des anneaux moins bruns & plus clairs.

Tems de la ſortie des eſſaims & du nombre qu'en peut produire une Ruche. On voit ordinairement ſortir les eſſaims depuis le quinze du mois de Mai , juſques vers la fin du mois de de Juin , dans les Provinces qui gardent un milieu entre les deux extrêmes de froid & de chaud. Ils font plus précoces dans les climats plus chauds , & plus tardifs dans les climats plus froids. Il n'eſt pas extraordinaire d'avoir d'une même Ruche , dans une même année , deux bons eſſaims ; car le défaut total ou la rareté des eſſaims , n'eſt communément qu'une ſuite funeſte de la mauvaiſe manière dont on gouverne les Abeilles dans les anciennes Ruches, expoſées à périr , ſoit comme je l'ai déjà dit , parce qu'elles ne ſont pas logées dans un domicile proportionné, ſoit parce qu'elles ne peuvent d'ailleurs recevoir à propos les ſecours néceſſaires contre la diſette , les maladies , & la mal-propreté , ſoit parce qu'elles ſont livrées à la merci d'une foule d'ennemis. Il n'eſt donc pas étonnant que de pareilles Ruches ne puiſſent pas donner des eſſaims le printems ſuivant. Ces malheurs font évités par la nature même de la conftruction de mes Ruches & par quelques legères attentions. Je conviens cependant qu'il y a des années fi ftériles, fi froides, fi pluvieufes, fi défavorables en un mot aux Abeilles, qu'elles ne donnent quelquefois point d'effaims, mais outre que ces années ne font pas communes & qu'elles ne fe fuivent pas, il y en a d'autres qui vous dédommagent & qui vous rendent abondamment ce que vous n'avez pas eu dans les précédentes.

Les Ruches neffaiment communément que depuis neuf ou dix heures du matin, jufqu'à trois ou quatre heures après midi. Cette régle générale a cependant quelquefois fes exceptions. On a vu des Ruches dans des jours très-chauds, effaimer

preſque à ſix heures du matin &
d'autres à cinq heures du ſoir. Vous
devez examiner d'autant plus ſoi-
gneuſement celles qui doivent bien-
tôt eſſaimer, que les eſſaims ſont
le profit le plus ſûr, le plus important, & celui qui vous échappe le
plus facilement par défaut d'attention & de vigilance. Ne confiez donc
pas ce ſoin à des enfans, ou à des
jeunes gens volages & étourdis, qui
abandonneroient vos Ruches pour
courir après des amuſemens frivoles.

1°. Quand vous verrez des faux-
bourdons, dont le retour annonce
une nouvelle ponte, un nouveau
peuple, en un mot un eſſaim, faire
du bruit devant une Ruche & ſortir
ſur les deux ou trois heures après
midi, c'eſt une marque que cette
Ruche eſſaimera dans quelques
jours.

2°. On peut efpérer un effaîm dans deux ou trois jours , lorfqu'en levant la Ruche , on voit les Abeilles fur la table, ou que la Ruche paroît fi pleine de mouches , qu'une partie fe tient en tas , & qu'elle font amoncelées les unes fur les autres.

3°. Lorfqu'on entend dès le foir un bourdonnement & des fons clairs & aigus , on peut fe préparer à ramaffer un effaim dès le lendemain.

4°. Le figne le moins équivoque , qui annonce un effaim pour le même jour , eft lorfqu'on voit les mouches d'une Ruche oifives, quoique le tems femble les inviter au travail, ou qu'on n'en voit qu'un très-petit nombre aller au champs ce jour là , partir plus matin & revenir de meilleure heure , demeurer chargées de leur récolte contre la Ruche. Enfin lorfque lorſque le bourdonnement qu'on a entendu la veille , & qui n'a fait qu'augmenter juſqu'à l'heure du départ , ceſſe tout d'un coup , & qu'un profond ſilence ſuccède à ce grand tumulte , on peut être aſſuré que les Abeilles vont prendre leur eſſort.

Pour n'être point pris au dépourvu dans la ſaiſon des eſſaims , préparez de bonne heure des Ruches d'une hauſſe ſeulement : lorſque vous appercevrez que le nouveau peuple ſort tout d'un coup avec impétuoſité & grand bruit de la mère Ruche , armez-vous d'un arroſoir de fer blanc percé , dans lequel il y a une éponge qu'on y a introduite par un des bouts qui s'ouvre & ſe ferme avec un crampon (1) , vous le

Manière de ramaſſer un eſſaim.

(1) *Voyez* figure cinquième , cet arroſoir

D

tremperez dans l'eau , & vous en jetterez fur l'effaim pour l'obliger à fe rabaiffer , & à fe raffembler fur quelque arbre. Cette pratique eft préférable à celle de lui jetter des poignées de fable, de gravier , ou de terre pulvérifée.

Ayez foin auffi de frotter la Ruche préparée avec des feuilles & des fleurs de groffes féve , qui ont une odeur que les Abeilles paroiffent préférer à toute autre. Je ne prétends point blâmer par-là ceux qui employent pour le même objet Le miel ou d'autres herbes odoriférantes.

Si votre effaim s'eft placé à hauteur d'homme , vous vous contenterez (1) de tenir une hauffe d'une main , & de l'autre de fe-

doit avoir huit ou neuf pouces de longueur fur fix ou fept pouces de circonférence.

(1) Quand on craint , en faifant cette opération , d'être piqué par les Abeilles , on doit

couer rudement la branche fur laquelle il eft pofé. Si votre effaim
eft élevé, vous mettrez pour lors
votre hauffe dans une machine de
fer qu'on appelle *bafcule*, (2) &

fe munir d'un camail, où il y ait un mafque
de gaze, & prendre des gans à l'épreuve des
piquûres.

(2) La bafcule eft compofée par le haut d'un
quarré de fer affez grand pour emboîter une
hauffe de mes Ruches. La hauffe pofée dans ce
quarré eft contenue par deux fils de fer en croix
qui font par deffous la hauffe, & qui font attachés au milieu des quatre barres qui forment
le premier quarré. Ce carré eft reçu dans un
autre quarré également de fer, qui eft ouvert
par un bout, c'eft-à-dire dont la partie fupérieure n'eft point terminée par une barre. Les deux
bouts des deux branches collatérales du fecond
quarré, doivent exactement répondte au milieu
des deux barres collatérales du premier quarré,
& les emboîter de façon que les deux barres
des deux quarrées foient traverfées par des goupilles ou chevilles de fer qui les uniffent fans
ôter au premier quarré fa mobilité. Le fecond
quarré imparfait, a au milieu de la barre du
bas un manche de fer, ou une douille pour
fontenir un bâton. *Voyez* figure fixième. On

dont toute perſonne qui à un Rucher
doit ſe pourvoir. Vous mettrez dans
le manche de la baſcule un bâton
proportionné à la hauteur de l'eſſaim , & pour cela vous en aurez
deux ou trois de différente grandeur pour tous les évenemens. Cette
baſcule eſt ſur-tout utile & commode en ce que vous préſentez toujours
en haut le côté de votre hauſſe qui
eſt ſans fonds (3) , ce qui vous donne l'aiſance de faire entrer auſſi
avant que vous le deſirez , l'eſſaim
que vous ramaſſez (4) ; tandis qu'u-
ne autre perſonne donne à la branche de l'arbre avec un crochet·de

trouvera au Bureau de Brive , un modèle de
cette machine ainſi que de l'arroſoir dont j'ai
parlé.

(1) *Voyez* figure ſeptième , qui repréſente une
hauſſe poſée dans la baſcule , & prête à recevoir un eſſaim.

(4) *Voyez* figure huitième.

fer , deux ou trois fortes fecouffes
pour en détacher promptement les
Abeilles. Il eft donc beaucoup plus
aifé , plus fûr & moins difpendieux
de fe fervir de cette machine , qui
n'expofe à aucun inconvénient , &
qui remédie à ceux qu'entraînoit né-
ceffairement votre ancienne méthode.

Si vos mouches s'obftinent à re-
tourner à la branche qu'on a fe-
couée , prenez pour vaincre leur
opiniâtreté , un tampon de linge fu-
mant ; mettez le au bout d'un bâton,
enfumez tous les endroits où les
Abeilles ont été , & vous ne les y
verrez plus revenir ; elles iront bien-
tôt rejoindre , le gros de la troupe
que vous tenez dans la hauffe. Vous
la portez enfuite a l'ombre ; vous la
renverfez fur un ban (1) le plus

(1) Ou fur la table qui lui eft deftinée,

promptement & le plus doucement qu'il eſt poſſible. Il n'eſt plus queſtion enſuite que de faire une tente à vos nouvelles habitantes. Servez vous pour cela d'une nappe étendue ſur des piquets fichés en terre, ou, au défaut de nappe, de divers branchages chargés de feuilles. Cette tente ſous laquelle vous ne laiſſerez votre hauſſe qu'environ une heure, eſt néceſſaire pour garantir votre eſſaim des ardeurs du ſoleil, dont l'aſpect ſeroit ſeul capable de le faire déſerter, au point qu'il vous feroit peut-être très-difficile de le ratraper? Vous tranſporterez enſuite doucement cette hauſſe ſur la table qui lui eſt deſtinée dans le lieu le plus éloigné de la mère Ruche.

Quel parti   Quand il ſe préſentera à ſa même

ſi votre eſſaim n'eſt pas éloigné du Rucher.

heure, plusieurs essaims assez forts pour être logés séparement, vous ferez ensorte de les empêcher de se réunir sur la même branche. Si malgré vos peines & des arrosemens abondans, ils se mêlent les uns avec les autres, placez-les dans une seule & même hausse : vous ne pourriez que fort rarement, en partageant le massif des Abeilles à peu-près par moitié, les diviser dans différentes hausses, parceque si vous ne parveniez à donner une mère ou une reine à chacune, vos mouches ne s'y fixeroient point. Il est très-difficile dans un amas confus de ces insectes, où l'on ne peut rien distinguer, de faire cette distribution de reines & d'en donner une à chaque essaim. Vous risquerez donc beaucoup moins en les réunissant tous ensemble pour en former une bon-

prendra-t-on quand plusieurs essaims se trouvent en l'air en même-tems.

ne Ruche. Il eſt conſtant que des eſſaims réunis enſemble le jour de leur
ſortie , s'accordent aſſez ſouvent
entr'eux juſqu'au point de ne com-
mettre aucun acte d'hoſtilité. Tout
le mal qui pourra en réſulter, ſera de
trouver le matin , ou les jours ſuivans une des deux reines mortes, &
tranſportées hors de la Ruche.

Manière de gouverner les Abeilles pendant chaque mois de l'année.

Je vais vous parler actuellement
de la conduite que vous devez tenir à l'égard de vos Abeilles pendant chaque mois de l'année.

JANVIER & FEVRIER.

Je joins enſemble les mois de Janvier & Février , parce qu'ils n'exigent que l'attention de tenir les
Abeilles exactement renfermées pendant tout ce tems-là , & de tourner
le cadran du côté des petits trous ,
afin qu'elles ne puiſſent ſortir dans
aucune

aucune circonſtance. Vous leur re-
fuſerez donc cette permiſſion, quand
bien même il y auroit des jours tem-
pérés & ſereins , ſans cela vous les
expoſeriez à deux inconvéniens qui
ſeroient également funeſtes.

Premièrement en leur permet-
tant de prendre l'air , elles s'agite-
roient néceſſairement , gagneroient
de l'appétit , conſommeroient en
très peu de tems toutes leurs proviſions , & ſe trouveroient enſuite ré-
duites à mourir de faim ; ou vous
ſeriez obligés , pour leur ſauver la
vie , de leur fournir vous-même de
la nourriture de très-bonne heure
& pendant très-longtems.

Secondement vous les expoſeriez
à mourir de froid. Quand bien-
même le moment où elles ſortiroient
ſeroit doux & favorable ; des nei-
ges pourroient refroidir l'air dans un

E

inſtant; un coup de vent, des nua-
ges qui obſcurciroient le ſoleil
ſuſſiroient pour les ſaiſir toutes, &
les empêcher de regagner leur habitation. Il eſt donc très-eſſentiel
de ne pas ſuccomber à la tentation
de les laiſſer ſortir pendant ces deux
mois.

Il faut encore , ſur-tout à l'égard
des Ruches bien peuplées, les viſiter
de tems en tems, pour ôter les mouches mortes qui ſe trouvent ſur la
plaque ou ſur la table.

MARS.

Le mois de Mars eſt un de ceux
dans leſquels les opérations ſont les
plus multipliées & les attentions
plus néceſſaires Dès les premiers
jours, ſi le tems n'eſt pas abſolu-
ment trop rigoureux , vous ferez la
viſite de vos Ruches pour les né-

toyer, en ôtant par derrière le tiroir ou la coulisse qui est par-dessous la table, que vous balaierez avec des plumes d'oie ou de dinde. Vous tournerez après cela le cadran du côté des arcades, & vous en pré-senterez deux ou trois selon la dis-position du tems. Vous réchaufferez ensuite les Abeilles pour les tirer d'un engourdissement, qui, sans cette précaution, seroit aussi long qu'il leur seroit pernicieux. Et vous ajoûterez ensuite une hausse aux Ruches auxquelles vous n'en aurez laissé qu'une avant l'hyver.

La manière de les réchauffer est toute simple. Après avoir ôté le ti-roir de bois, on met à sa place & sur la même coulisse un autre tiroir garni de toile de canevas. On élève une chaufferette dans laquelle on a mis des cendres chaudes, jusques

fous le tiroir de canevas. En tom-
bant fur la toile de canevas , comme cela arrive quand on les réchauf-
fe , elles ne courent aucun danger ,
elles ne font que fe dégourdir , &
elles font en état de regagner bien
vite le haut de leur Ruche.

Il ne fuffit pas de nétoyer & de
réchauffer les Abeilles , il faut im-
médiatement après les purger , les
fortifier & les préferver du dévoiement , qui eft fur-tout à craindre au
commencement du printems. Pour
cela fervez-vous du remède fuivant.

Prenez huit bouteilles de vin
vieux , deux bouteilles de miel &
deux livres & demi de fucre. Mettez enfuite le tout dans un chaudron
d'airain ou de cuivre ; faites le
bouillir à petit feu ; écumez le fouvent , & laiffez le réduire jufqu'à la

confiſtance de ſirop ; mettez enſuite cette compoſition dans des bouteilles que vous placerez dans la cave. On peut en faire autant & ſi peu qu'on veut, en proportionnant les doſes ſelon que l'on à peu ou beaucoup d'Abeilles à entretenir. On leur en préſente ſur des aſſiettes. Cette compoſition ſoulage non-ſeulement les malades ; mais elle purge encore & fortifie celles qui ne le ſont pas, à qui on peut en donner avec confiance. Elle les guérit encore de la pareſſe & de l'engourdiſſement dont elles ſont ordinairement ſaiſies à la fin de l'hiver.

Après qu'on les a purgées, il faut examiner celles qui manquent de proviſions ou de nourriture & leur en fournir ſans délai.

La meilleure manière de les nourrir, eſt de leur fournir des gâteaux remplis de miel : elles ne font pas fi expofées à s'empâter & à s'embarraffer dans le miel, que fi on leur en préfentoit fur des affiettes. Cette façon de les nourrir , eft plus naturelle par rapport à elles, parce qu'elle imite plus parfaitement celle dont elles fe nourriffent dans leur Ruche. Si cependant vous avez oublié de vous pourvoir dès l'automne de gâteaux ou de rayons , vous vous contenterez alors de leur donner du miel fur des affiettes , en prenant la précaution de jetter deffus de petites branches ou des pailles pour foutenir un morceau de papier , qui fera criblé de petits trous au travers defquels elles prendront le miel avec moins de danger. Il n'y a qu'une économie mal entendue qui puiffe leur épargner la nourriture dans des tems de difette. Elles rendent au

(55)

centuple ce qu'on leur a donné, au
lieu qu'en chicanant fur la dépenfe,
on eft prefque affuré de les voir périr de faim.

AVRIL.

Il pourroit arriver que vos Abeilles auroient befoin de nourriture au
commencement & même pendant
tout le cours de ce mois, c'eft pourquoi vous les vifiterez encore , &
vous pourvoirez à toutes leurs né-
ceffités ; mais vous ferez principalement attentif au pillage qui n'eft
que trop commun dans cette faifon ,
parceque les Abeill s des Ruches
foibles , qui ne trouvent pas encore
dans la campagne ce qu'elles défire-
roient, cherchent à vivre de rapine ;
il faut donc tenir jufqu'à la fin d'A-
vril , le cadran tourné du côté des
petites arcades , afin que les entrées

E iv

des Ruches ne foient pas fi libres &
fi fpacieufes.

Dès la fin de ce mois, vous devez
tenir un certain nombre de Ruches
toutes préparées pour recevoir les
effaims qui fe préfenteront dans les
mois fuivans. Vous proportionnerez
votre provifion au nombre, & à la
force des Ruches que vous avez ,
de façon cependant que vous en
ayiez plutôt plus qu'il ne vous en
faut, que d'être expofés à en man-
quer dans le tems néceffaire.

MAI.

Vous ferez peut-être furpris que
je vous confeille encore de veiller
ce mois - ci fur les befoins de vos
Abeilles & de fournir des alimens à
celles qui font les plus foibles ,
quoique ce foit le tems de la plus
abondante moiffon pour elles , &

où les plus foibles trouvent à la campagne (à moins que la saison ne
soit entiérement dérangée) tout ce
qu'il leur faut pour vivre. Les Ruches foibles , malgré tout cela , ont
quelques fois besoin d'être nourries
pendant le mois de Mai. En voici la
raison. C'est dans ce mois principalement que la reine fait une ponte
presque incroyable , & qu'elle donne en peu de tems une très-nom-
breuse famille qui demande de la
nourriture , parce qu'elle fait une
grande consommation. Aussi quoique les anciennes Abeilles puissent
trouver leur propre subsistance dans
les champs ; il leur seroit quelque
fois très-difficile , à moins que le
tems ne fut très-favorable , de préparer des logemens suffisans à cette
multitude de nouveaux citoyens
qui viennent tous les jours & de ra-

maffer en même-tems toute la nourriture qui leur eft néceffaire, jufqu'à ce qu'ils puiffent par elles-mêmes aller gagner leur vie. Remar-
quez au refte qu'il s'agit ici d'une
Ruche foible, qui peut avoir une
reine très-féconde, qui donne trop
d'occupation à un petit nombre d'ouvrières, fur tout fi les jours ne font
pas également beaux & ne leur per-
mettent pas toujours également
de fortir pour aller à la provifion. La
précaution de leur donner à manger
n'eft donc pas fuperflue. Vous mettrez par - là en état d'effaimer ou
de fe bien fortifier une Ruche qui
auroit langui & dépéri, parceque
les Abeilles auroient fuccombé fous
le poids du travail & de la fatigue.

Dès le commencement de ce
mois, on tourne le cadran du côté
de la grande ouverture, parceque

le pillage n'eſt plus à craindre , &
que les allées & fréquentes venues
des Abeilles exigent un plus grand
paſſage pour les laiſſer ſortir & entrer plus librement & en plus grand
nombre.

Il faut dès le quinze de ce mois
& quelquefois plutôt veiller plus at-
tentivemenr que jamais ſur vos Ruches pour ramaſſer les eſſaims qu'elles vous donneront. Il faut autant
que vous pourrez faire votre amu-
ſement du ſoin de les veiller vous-
mêmes , ou ne vous en décharger
que ſur quelqu'un dont la vigilance
& l'adreſſe vous ſoient bien connues.

C'eſt auſſi dans ce mois que vous
devez viſiter vos nouveaux eſſaims
quelques jours après leurs établiſſe-
ment, pour les nourrir s'ils ſont dans
la diſette à raiſon du mauvais tems ,

ou pour les obliger à travailler en donnant une hauffe , en cas que l'ouvrage de leur Ruche foit bien avancé. C'eft encore le tems de réunir les foibles effaims & de voir s'il convient de réunir la Ruche qui vient d'effaimer à l'effaim qu'elle vient de renvoyer. La réunion de ces Ruches eft fort fimple , il ne s'agit que de placer l'une fur l'autre en bouchant les ouvertures de la hauffe qui fe trouvera fupérieure.

JUIN.

Vous devez avoir pour vos effeims jufqu'au 15 de ce mois , & même quelquefois plus tard , les mêmes attentions que je vous ai prefcrites pour le mois précédent , mais outre ces foins communs aux mois de Mai & de Juin , celui-ci en exige encore d'autres qui lui font propres.

C'est principalement vers la fin de ce mois qu'on doit dégraisser les Ruches, quoiqu'on puisse le faire dans les précédens, & dans les suivans quand elles ont des provisions surabondantes, c'est-à-dire quand la hausse supérieure se trouve remplie & que les Abeilles ont commencé à travailler dans l'inférieure.

On dégraisse mes Ruches en ôtant la hausse supérieure, & en plaçant une nouvelle hausse sous celle qui couvroit la table, on y met si l'on veut celle qu'on avoit détachée après en avoir recueilli la cire & le miel.

Il n'est pas nécessaire de vous faire observer, qu'on n'est exposé à aucun danger de la part des Abeilles quoiqu'on puisse faire & qu'on fasse le plus souvent cette opération en plein midi, elles ne peuvent presque pas s'appercevoir du partage qu'on fait de leurs provifions, parce qu'on ne déplace point la Ruche, qu'on ne la renverfe point & qu'on ne touche pas même à l'endroit qu'elles habitent ou qu'elles fréquentent alors. Elles commencent toujours leur édifice par le haut & le continuent toujours en defcendant. Elles ne rifquent pas dêtre écrafées ou emportées avec la hauffe. Si on fait cette opération dans le milieu d'un beau jour, elles ne font pas en grand nombre dans la Ruche: quand même on prendroit une autre heure, la fumée d'un linge introduite par l'ouverture du plancher fupérieur, détermineroit facilement à defcendre dans la hauffe inférieure, celles qui fe trouveroient encore dans la hauffe qu'on veut détacher. Cette façon de dégraiffer les Ruches eft donc évidemment auffi fimple que commode

pour vous & pour vos Abeilles ;
vous n'avez rien à craindre ni pour
elles , ni pour le couvain ; la hauſſe
ſupérieure, dès qu'elles ont commencé à travailler dans l'inférieure ne le
contient plus, il eſt alors placé dans
le bas de la Ruche; on ne s'empare
donc que d'une hauſſe pleine de
cire & de miel. Si vous craignez cependant que le couvain ne ſoit encore dans la hauſſe que vous voulez
enlever , vous différeiez cette opération de quelques jours. Il n'y avoit
preſque aucun tems dans l'ancienne
pratique dans lequel on pût tenter
avec ſûreté de tailler les Ruches ;
on ne le faiſoit qu'en s'expoſant à
mille inconvéniens ; au lieu qu'on
peut dans tout les tems & ſans
courir le moindre riſque , dégraiſſer
les nouvelles Ruches , ou leur ôter
le ſuperflu.

JUILLET.

Dès le commencement de ce mois vous devez craindre le pillage & vous précautionner contre ses ravages, en tournant le cadran du côté des petites arcades. Les guêpes & les frelons font alors dans toute leur force & cherchent par-tout à vivre au jour la journée & aux dépens de qui il appartiendra. De même les Abeilles de vos voisins qui n'auront pas été bien soignées & dont les foibles essaims n'auront pas été à tems réunis ensemble , viendront chercher fortune chez vous & vous causeront de grands dommages , si vous n'y veillez avec attention.

C'est encore dans ce mois & pour vous précautionner de plus en plus contre le pillage que vous de-

vez

vez marier tous les foibles effaims
que quelques circonftances vous auroient empêché de réunir immédia-
tement après leur fortie de leurs
Ruches natales.

Si vous aviez même quelque mère
Ruche qui fût affoiblie par un trop
grand nombre d'effaims , ou par un
effaim trop tardif , vous devez dans
ce mois fans différer à un autre tems ,
la réunir elle-même à l'effaim qu'elle vous a donné.

Enfin comme c'eft dans ce mois
& dans le fuivant que les chaleurs
font plus exceffives & plus infup-
portables pour les Abeilles , que
ces chaleurs même font quelquefois
fondre la cire dans les Ruches de
paille & échauffent tellement le miel
qu'elles l'altérent ou le corrompent
entiérement , vous préviendrez tous
ces malheurs en ôtant jufqu'au mois

* F

de Septembre la couliffe de bois uni
& en mettant à fa place la couliffe
remplie de petits trous, par ce moyen
vous procurerez continuellement à
la Ruche une fraîcheur bienfaifante
qui fera auffi agréable aux Abeilles,
qu'utile à leurs provifions.

A O U T.

Le pillage eft encore plus à craindre que jamais pendant tout ce mois,
c'eft pourquoi vous devez être plus
attentifs à tenir exactement le cadran de vos Ruches tourné du côté
des petites arcades.

Si vos occupations vous le per-
mettent & que vous ayiez pour cela
affez de patience & d'adreffe, vous
pourrez pendant tout ce mois vous
amufer à tuer avec des pinces, tous
les aux-bourdons qui vous tombe-
ront fous la main. Ils font quelque-

fois en si grand nombre dans une Ruche, que les Abeilles ne peuvent pas les détruire entièrement elles-mêmes, ou ne parviennent à les détruire qu'après qu'ils ont consommé une grande quantité de miel, qui est leur unique nourriture.

SEPTEMBRE

Vous devez encore craindre le pillage dans le courant de ce mois & ne rien négliger pour le prévenir. Vous aurez soin encore, si le tems étoit trop froid, de remettre la coulisse de bois uni que vous avez ôtée dans le mois de Juillet.

C'est principalement vers la fin de ce mois que vous ferez la plus ample récolte de cire & de miel en dégraissant vos Ruches, parceque vos Abeilles auront travaillé prodigieusement dans le mois précédent, sur-tout dans les pays où le sarrasin ou bled noir eft plus commun. Elles aiment paffionnément la fleur de cette efpèce de bled. Il fera donc à propos d'en femer toujours quelque peu dans les environs de votre Rucher.

Dégraiffer vos Ruches dans le tems que je viens de vous prefcrire ou au commencement d'Octobre, c'eft confulter autant vos propres intérêts que ceux de vos ouvrières. En ne leur laiffant alors qu'une hauffe vous **rendez** leur habitation moins grande, & dès lors plus chaude & moins expofée à les faire périr de froid pendant l'hiver. Vous trouvez également votre avantage dans cette pratique, parceque la cire & le miel qui paffent l'hiver dans une Ruche, n'y contractent aucune bonne qualité par les vapeurs que la chaleur de la Ruche y répand. Ces vapeurs rendent la cire plus difficile à blanchir. Mais ſoyez du moins attentifs à laiſſer à vos mouches une proviſion ſuffiſante de miel pour paſſer l hiver. Il ne leur en faut pas une ſi grande quantité que vous pourriez le penſer Une expérience aſſez générale a ſait obſerver qu'il ne faut qu'une livre & un quart, poids de marc, à la Ruche la mieux peuplée ; il ſera bon néanmoins de leur en laiſſer un peu plus qu'elles n'en conſomment ordinairement.

O C T O B R E.

Ce ſera vers la fin de ce mois que *vous mettrez vos Ruches en hiver* , comme on s'exprime communément ; c'eſt-à dire que vous tournerez le cadran du côté des petits trous pour empêcher vos Abeilles de ſortir. Vous aurez cependant l'attention de laisser aux Ruches fortes la coulisse percée, jusqu'à ce que le froid devienne plus piquant. Le grand nombre d'Abeilles exciteroit dans la Ruche une chaleur violente qui les étoufferoit, si on les renfermoit de trop bonne heure.

NOVEMBRE & DECEMBRE.

Vous n'avez d'autres précautions à prendre pendant ces deux mois, que celles que je vous ai prescrites pour les mois de Janvier, & Février.

FIN.

APPROBATION.

J'Ai lû par ordre de Monseigneur le Vice-Chancelier, un Manuscrit intitulé : *Mémoire sur les Abeilles, par M. de Massac, &c.* Ce Mémoire renferme la description d'une nouvelle Ruche, qui me paroît commode : il est purement économique, l'Auteur n'a eu en vûe que d'instruire les gens de la campagne ; ses instructions sont claires, nettes, précises, sans embarras de raisonnemens hors de la portée des personnes pour lesquelles l'Auteur écrit ; je pense donc qu'il peut leur être très utile, & qu'il mérite par conséquent d'être imprimé. A Paris ce 20 Septembre 1765,

GUETTARD.

De l'Imprimerie de F. A. Quillau 1765.

FAUTES A CORRIGER

L'Eloignement de l'Auteur pendant l'impression de cet ouvrage, a laissé échapper quelques fautes, que l'on prie le Lecteur de vouloir bien corriger.

Page 5 *ligne* **6**, Barin : *lisez*, Bazin.
Page 10 *ligne* 20, portion : *lisez*, provision.
Page 11 *lig.* 9, assurera : *lisez*, assura.
Page 33 *ligne* 18, aisee : *lisez*, aisées.
Page 38 *ligne* 16, nessaiment : *lisez*, n'essaiment.
Page 42 *ligne* 10, feve : *lisez*, feves.
Page 43 *ligne* 12, contenue : *lisez*, soutenue.
Page 50 *ligne* 13, plaque : *lisez*, coulisse.